BEI GRIN MACHT SICH IHR WISSEN BEZAHLT

- Wir veröffentlichen Ihre Hausarbeit, Bachelor- und Masterarbeit

- Ihr eigenes eBook und Buch - weltweit in allen wichtigen Shops

- Verdienen Sie an jedem Verkauf

Jetzt bei www.GRIN.com hochladen und kostenlos publizieren

Katrin Blatt

Aspekte des Massentourismus an der türkischen Süd-
küste zwischen Antalya und Alanya

GRIN Verlag

Bibliografische Information der Deutschen Nationalbibliothek:

Die Deutsche Bibliothek verzeichnet diese Publikation in der Deutschen National-
bibliografie; detaillierte bibliografische Daten sind im Internet über http://dnb.d-
nb.de/ abrufbar.

Impressum:

Copyright © 2011 GRIN Verlag GmbH
Druck und Bindung: Books on Demand GmbH, Norderstedt Germany
ISBN: 978-3-656-04743-8

Dieses Buch bei GRIN:

http://www.grin.com/de/e-book/181517/aspekte-des-massentourismus-an-der-
tuerkischen-suedkueste-zwischen-antalya

GRIN - Your knowledge has value

Der GRIN Verlag publiziert seit 1998 wissenschaftliche Arbeiten von Studenten, Hochschullehrern und anderen Akademikern als eBook und gedrucktes Buch. Die Verlagswebsite www.grin.com ist die ideale Plattform zur Veröffentlichung von Hausarbeiten, Abschlussarbeiten, wissenschaftlichen Aufsätzen, Dissertationen und Fachbüchern.

Besuchen Sie uns im Internet:

http://www.grin.com/

http://www.facebook.com/grincom

http://www.twitter.com/grin_com

PHILIPPS - UNIVERSITÄT MARBURG
Fachbereich Geographie
MS Großes Geländepraktikum Türkei
Wintersemester 2009/2010

Aspekte des Massentourismus an der türkischen Südküste zwischen Antalya und Alanya

Verfasser: Katrin Blatt

LA Englisch/Geographie/DaF
Semester: 7/7/1

Eingereicht am 28.01.2011

Inhaltsverzeichnis

1. Einleitung

„Der Rest der Stadt ist – mit Ausnahme ein paar verstreut liegender alter
Villen – ein gesichtsloses Häusermeer in Großstadtformat. Die weißen
08/15-Fassaden der Apartmenthäuser und Hotels – entworfen von Archi-
tekten, die wohl allesamt Praktikanten an der Costa Brava waren – zie-
hen sich kilometerweit die Buchten entlang undd klettern dahinter die
Berghänge hinauf." (BUSSMANN & TRÖGER 2003: S. 523)

Dieses Zitat ist zutreffend für viele touristische Städte und beliebig austauschbar. Ge-
meinsam haben die meisten, dass sie direkt am Mittelmeer liegen, ein sehr mildes Klima
haben, eine hohe Sonnenscheindauer – und vom Massentourismus geprägt sind. Dies
galt lange Zeit nur für die spanische Südküste, breitete sich allerdings rasant über Italien
und Frankreich entlang der Mittelmeerküste aus – und erreichte in den 1980er Jahren
auch die türkischen Küstenstädte. Das obige Zitat beschreibt die Stadt Alanya an der
türkischen Südküste. Eine Stadt, die innerhalb kürzester Zeit eine rasante Entwicklung
vollzogen hat.

In dieser Arbeit soll versucht werden, einige Aspekte des Massentourismus in und um
Alanya zu beleuchten. Dafür werden anfangs die Begriffe „Tourismus" und „Massentourismus" definiert, bevor der Tourismus und seine Entwicklung in der gesamten Türkei
vorgestellt wird. Anschließend werden kurz die geographischen und klimatischen Beson-
derheiten der türkischen Südküste um Alanya, der „Türkischen Riviera", beschrieben.
Darauf folgt mit der „Feriendestination Alanya" der Schwerpunkt dieser Arbeit, in dem
erst die Entwicklung des Tourismus in der Region beschrieben und anschließend auf einige ausgewählte Folgen und Probleme des Massentourismus eingegangen wird. Ab-
schließend wird kurz die Bedeutung Alanyas für die Türkei erläutert und ein Fazit gege-
ben.

2. Tourismus

Die Begriffe „Tourismus" und „Massentourismus" können auf vielerlei Weisen beschrieben werden. Da sie die Grundlage für diese Arbeit bilden, sollen diese kurz beschrieben werden.

2.1. Definition „Tourismus"

Für den Begriff „Tourismus" gibt es zahlreiche Definitionen. Für diese Arbeit soll allerdings die folgende Definition von FREYER (2006) als Grundlage dienen.

> „Tourismus umfasst die Aktivitäten von Personen, die an Orte außerhalb ihrer gewohnten Umgebung reisen und sich dort zu Freizeit-, Geschäftsoder bestimmten anderen Zwecken nicht länger als ein Jahr ohne Unterbrechung aufhalten." (FREYER 2006: 2)

In der vorliegenden Arbeit wird vor allem der Reisetourismus beachtet, während auf die Geschäftsreisenden fast gar nicht eingegangen wird. Dies liegt darin begründet, dass Geschäftsreisende zumeist lediglich die Übernachtungsmöglichkeiten wahrnehmen, aber nur sehr selten typisch touristische Freizeitbeschäftigungen, wie z.B. Tauchen, Jet-Ski fahren etc., in Anspruch nehmen und somit nicht in die Kategorie des Massentourismus fallen.

Als klassischer Tourismus kann also im Grunde genommen ein Ortswechsel verstanden werden, der durch eine Reise vorgenommen wird. Die Dauer der Reise ist dabei irrelevant, sofern mindestens eine Nacht in diesem neuen Ort verbracht wird. Als Tourist gilt demnach jeder, der für eine zeitlich unbegrenzte Dauer (max. 1 Jahr) an einem fremden Ort, z.B. in einem Hotel oder auf einem Campingplatz, verweilt. Zu beachten ist hierbei, dass sowohl die Dauer der Reise als auch die die Distanz vom Urlaubsort zum Heimatort eine Rolle spielen (FREYER 2006: 2).

Nach HOPFINGER (2007: 724) stellen Freizeit und Tourismus einen der beschäftigungsintensivsten Wirtschaftsbereiche dar. Die nachfolgenden Beschäftigungszahlen unterstreichen dies: Im Jahr 2005 waren mehr als 74,2 Millionen Menschen direkt in der Freizeit- und Tourismusindustrie beschäftigt. Weitere 147,3 Millionen Personen waren indirekt mit der Tourismusbranche durch andere Gewerbe, wie z.B. im Handel oder Baugewerbe, verbunden. 2007 lag die Arbeitsquote in der Tourismusbranche weltweit bei etwa 8,3% (WTTC 2009: o.S.). Hierbei wird deutlich, welche gesamtwirtschaftliche Bedeutung der Tourismus weltweit besitzt.

Der Tourismus ist eine stetig wachsende Branche. Schon im Jahr 1950 wurden weltweit in dieser Industrie 2,1 Mrd. US\$ erwirtschaftet, 30 Jahre später waren es 106,5 Mrd. US\$. 2004 lagen die weltweiten Einnahmen durch den Tourismus bei 622,7 Mrd. US\$. Im selben Jahr wurden allein in Europa 326,7 Mrd. US\$ eingenommen, die Spitzenreiter dabei waren Spanien (45,2 Mrd. US\$), Frankreich (40,8 Mrd. US\$) und Italien (35,7 Mrd. US\$). Deutschland erwirtschaftete 2004 durch den Tourismus 27,7 Mrd. US\$ (KOLF 2005: o.S.). Dieses stetige Wachstum der Tourismusbranche ist gut in der zunehmenden Anzahl von Reisenden in der Abbildung 1 zu erkennen. Die Grafik stellt das internationale Touristenaufkommen für Europa, Amerika und Asien (inklusiv des pazifischen Raumes) sowie Afrika und den Mittleren Osten zwischen 1950 und 2005 dar. Seit 1950 gab es eine stetige Zunahme der Reiseaktivitäten, wobei auch immer mehr neue Regionen als Reiseziele wahrgenommen werden. So waren zu Beginn der Aufzeichnungen in den 1950er Jahren vor allem Europa und Amerika die Hauptreiseziele, aber seit den 1970er auch der asiatisch-pazifische Raum, sowie in den letzten 15 Jahren auch immer mehr Afrika und der Mittlere Osten. In der Grafik ist außerdem zu erkennen, dass der Tourismus zu Beginn der 1980er Jahre etwas stagnierte, aber seit Mitte der 1980er und vor allem zu Beginn der 1990er Jahre wieder stark zugenommen hat. Die Stagnation der 80er Jahre könnte mit der 2. Ölkrise und dem anschließenden 1. Golfkrieg zusammenhängen.

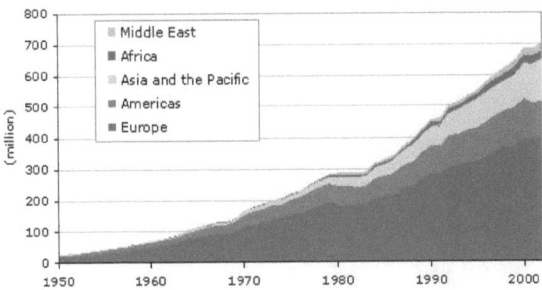

Abb. 1: Internationale Touristenankünfte 1950-2005
Quelle: http://www.unwto.org/facts/eng/pdf/historical/ITR_1950_2005.pdf

2.2. Massentourismus

Die Hauptphase des Tourismus begann nach dem Zweiten Weltkrieg, als die meisten Industrieländer einen deutlichen wirtschaftlichen Aufstieg vorzeigen konnten. Der zu dieser Zeit aufkommende Tourismus gilt als Grundlage für den gemeinhin bezeichneten Massentourismus, da die Menschen global mobiler wurden und mehr Geld und Zeit für Freizeitaktivitäten, beziehungsweise Urlaubsreisen zur Verfügung hatten. Die Verdienstmöglichkeiten für die arbeitende Bevölkerung haben sich dementsprechend stetig verbessert und somit war mehr Geld für Freizeitaktivitäten und Urlaub vorhanden. Ein weiterer Faktor, der einen wesentlichen Einfluss auf das Urlaubsverhalten hatte, war die Einführung der 30-Stunden-Woche sowie einer höheren Anzahl von Urlaubstagen. Somit hatten die Menschen nicht nur einen höheren Verdienst sondern auch mehr Erholungszeit. Weitere Faktoren, die den Massentourismus entstehen haben lassen, beziehungsweise gefördert haben, waren die neu aufkommenden und vor allem leichter zugänglichen Massenmedien sowie die sich stetig verbessernden Transportmöglichkeiten. Durch Werbung konnten Angebote leichter verbreitet werden und ihren Weg somit in fast jeden Haushalt finden. Außerdem gaben Fernsehen, Fotos und Zeitschriften Einblicke in fremde und neuartige Länder, sonnenreiche Regionen und Traumstrände. Die Transportmöglichkeiten wurden besser und somit war der Weg, zum Beispiel bis zum Mittelmeer, nicht mehr mit einer stunden- oder tagelangen Autofahrt verbunden sondern konnte innerhalb kürzester Zeit per Flugzeug erreicht werden (FREYER 2006: 15). Im Jahr 2000 sind 698,3 Mio. Menschen international verreist. In Prognosen für das Jahr 2020 wird von einem Anstieg des internationalen Tourismusaufkommens auf 1,65 Mrd. Menschen gerechnet (JOB ET. AL. 2007: 850, zitiert nach WTO 2001: 7).

GIAOUTZI & NIJKAMP (2007: 1) sagen: „Our world is becoming a global tourist village". Heutzutage ist es aufgrund moderner Kommunikationstechniken und besonders des Internets möglich, schnell und einfach Angebote verschiedener Reiseveranstalter zu vergleichen und Informationen über mögliche Urlaubsziele zu erhalten (ebd. 2007: 2 ff.). Dank sehr günstiger Anbieter ist Fliegen zum Teil günstiger als eine Entfernung von 600 Km mit dem Zug zurückzulegen.

2.3. Massentourismus im Mittelmeerraum

Nach ROTHER (1993: 15) ist „der Mittelmeerraum [...] die wichtigste und älteste Fremdenverkehrsregion der Erde." Seit jeher reisen Menschen aus aller Welt an das Mittelmeer, um hier ihren Urlaub zu verbringen. Die Ursache für die starke Anziehungskraft für Reisende ist vor allem in den vorherrschenden klimatischen Bedingungen der Region zu finden. Der Mittelmeerraum gehört zu den winterfeuchten Subtropen und unterliegt damit in den Sommermonaten den subtropisch-randtropischen Hochdruckgebieten, während der es zu einer langen Trockenperiode kommt (SCHULTZ 2008: 227). Für die Touristen ist dies von großem Vorteil, da sie in den Sommermonaten so mit einer langandauernden Schönwetterperiode mit wenig Regen und dementsprechend warmen Temperaturen rechnen können. Auch die Wassertemperaturen sind in diesem Zeitraum angenehm und erreichen deutlich mehr als 20° Celsius. Ein weiterer wesentlicher Pluspunkt für die Attraktivität des Mittelmeerraumes ist die Fülle von wunderschönen Stränden mit vielfältigen Bade- und Tauchmöglichkeiten.

1984 reisten über 100 Mio. Menschen als Touristen in die Mittelmeerregion. Aus Prognosen geht hervor, dass die Zahl der Touristen stetig zunimmt und im Jahr 2025 sogar bis zu 340 Mio. Menschen in dieser Region ihren Urlaub verbringen werden (VILES & SPENCER 1995: 301). Für die Mittelmeerregion bedeutet das eine zunehmende Belastung und besonders die direkten Küstengebiete sind von der Zunahme betroffen. Dieser zumeist schmale Streifen zwischen Meer und Hinterland ist das am meisten von Touristen besuchte Gebiet und somit auch am stärksten belastet. Häufig gibt es auf diesem engen Küstenstreifen keine Ausweichmöglichkeiten, da Berge oder unwegsames Gelände dicht an den Strand anschließen.

Abb. 2: Urlaubsdestination Benidorm in Spanien
Quelle: http://www.jetztspanienimmobilien.de/wp-content/uploads/Benidorm-Costa-Blanca-3.jpg

Dazu kommt, dass viele Touristen an ihrem Urlaubsort Unterkünfte mit Meerblick einfordern. Dies führt dazu, dass die Bebauung durch Straßen, Häuser, Hotels, Restaurants, Ferienanlagen, Bars und weiterer Infrastruktur unmittelbar hinter dem Strand landeinwärts anschließt. Durch die dichte Bebauung und kaum vorhandene Grünflächen und Freiflächen kommt es zu einer extremen Bodenversiegelung, was wiederum eine sehr hohe Belastung für den Küstenbereich mit sich bringt (ROTHER 1993: 15). Ein extremes Beispiel für die dichte und hohe Küstenbebauung ist der spanische Ferienort Benidorm an der Costa Blanca. Hier setzt die starke Bebauung durch hohe Hotel- und Ferienanlagen unmittelbar am Strand ein (vgl. Abb. 2). Wie bereits erwähnt, ist besonders der küstennahe Tourismus sehr beliebt und hat weltweit zu unkontrollierten Baumaßnahmen geführt. Besonders in der Mittelmeerregion spielt dieser die zentrale Rolle im Tourismus und der wirtschaftlichen Entwicklung der an das Mittelmeer grenzenden Länder. So locken Touristen nicht nur die klimatischen Bedingungen mit viel Sonne und warmen Temperaturen, sowie der Strand und das Meer, sondern auch immer mehr mit der Küste und dem Meer zu verbindende Aktivitäten. Dazu gehören zum Beispiel der nichtmotorisierte Wassersport wie Surfen und Segeln, Tauchsport (besonders in Korallenriffen und Schiffwracks), Angeln, Muschelsammeln und Naturbeobachtungen (BUNDESAMT FÜR NATURSCHUTZ 1997: 44). Diese ziehen allerdings zahlreiche Folgen für das Ökosystem „Küstenstreifen" mit sich, auf die an späterer Stelle konkret für die türkische Südküste eingegangen wird (vgl. Kapitel 5.2.).

3. Massentourismus in der Türkei

Die Entwicklung des Tourismus in der Türkei kann grob in zwei Phasen unterteilt werden: zum einen in die Zeit vor der Planwirtschaft und zum anderen in die seit dem Beginn des geplanten Tourismus andauernde Phase. Zu der ersten Phase gehören u.a. die Eröffnung des Orient-Express zur Jahrhundertwende während des Osmanischen Reichs und ein somit vereinfachter Zugang zu weiter entfernt gelegenen und ehemals schwer zugänglichen Gebieten. Im Jahr 1934 hat der Staat begonnen, die Lenkung des Tourismus zu übernehmen und gründete 1943 das „Tourismusdirektorat", unter dem der Plantourismus eingeleitet wurde (KÜNDIG-STEINER 1977: 422 f.). Zu Beginn des Tourismus, besonders in den 1950er und 1960er Jahren, spielte der Binnentourismus die größte Rolle. Erst ab den 1960er Jahren gewann der internationale Tourismus an Bedeutung, wobei sich dieser anfangs besonders auf Forschungsaufenthalte von europäischen und amerikanischen Archäologen, Geologen und Historikern beschränkte (EKIN & SINGLER 1996: 187; KÜNDIG-STEINER 1977: 422 f.). 1963 wurde das „Ministerium für Tourismus und Bekanntmachung" gegründet und der Tourismus anhand von Fünfjahresplänen organisiert und geplant. Der dritte Fünfjahresplan (1973-1977) konzentrierte sich explizit auf die Entwicklung des internationalen Tourismus mit Hilfe von Werbekampagnen und Subventionierungen durch den Privatsektor mit dem Ziel eines geplanten Massentourismus (KÜNDIG-STEINER 1977: 425). So entstanden zwischen 1979 und 1983 erste durchorganisierte Tourismusgebiete, die im Zuge einer „nachhaltigen Tourismusentwicklung" erbaut wurden und damit ausländisches Kapital in die Türkei locken sollten. 1982 wurde das zweite Gesetz zur Förderung des Tourismus erlassen, welches die volkswirtschaftlichen und raumordnerischen Grundlagen für den internationalen Tourismus gelegt hat und somit als Geburtsstunde des modernen türkischen Massentourismus gilt (SPRENGEL 2001: 47). Dieses Gesetz ermöglichte eine bis heute andauernde Küstenurbanisierung auf touristischer Grundlage mit einer extrem übereilten und häufig unbedachten Flächenversieglung, was besonders an der Mittelmeer- und Ägäisküste nicht zu übersehen ist (ebd. 2001: 47). Außerdem lockte die liberale Wirtschaftspolitik der Türkei ab 1982 immer mehr ausländische Investoren an. Des Weiteren begann im Jahr 1983 die Privatisierung des Tourismus, da sich der Staat aus Investitionen in diesem Sektor zurückzog (STEWIG 2000: 238). Dennoch hat der Staat seit den 1980er Jahren durch Subventionen immer wieder in den Tourismus investiert. Zu dieser Zeit bildete sich der Tourismus als einer der wichtigsten Wirtschaftssektoren der Türkei heraus (HÖHFELD 1995: 193). So wies besonders der internationale Tourismus zwischen den Jahren 1989-1998 eine große Wachstumsrate auf. Die Zahl der internationalen Touristen stieg in diesen Jahren von 4,459 Mio. auf 9,752 Mio. Die Einnahmen haben ebenfalls eine deutliche Zunahme zu verzeichnen. Diese stiegen von 2,5 Mrd. auf 7,2 Mrd. US$. Im Jahr 2007 reisten mehr als 23 Mio. Touristen in das Land und die Einnahmen aus dem Tourismus betrugen fast 14 Mrd. US$ (vgl. Abb. 3). Durch den Tourismus sollte die Armut im Land bekämpft und v.a. regionale Disparitäten abgebaut werden (SPRENGEL 1998: 200). Besonders an den türkischen Mittelmeerküsten wird der Massentourismus durch den Staat gefördert. Allerdings wird in vielen neu entstandenen Feriengebieten, wie z.B. Kemer, nur teilweise in erforderliche Infrastruktur investiert, sodass diese noch nicht überall flächendeckend vorhanden ist. Obwohl der

Staat viele neue Bauprojekte genehmigt hat, ist nicht überall eine Wasserver- und -entsorgung oder Stromversorgung gewährleistet (HÜTTEROTH 1985: 159; QUANDT 2003: 52).

Jahre	Touristen (in 1000)	Änderung%	Einnahmen (Mio. $)	Änderung%
1963	198	*	7	*
1973	1.341	29,7	171	66
1983	1.625	16,8	411	11,1
1984	2.117	30,3	840	104,4
1985	2.614	23,5	1.482	76,4
1986	2.391	-8,5	1.215	-18
1987	2.855	19,4	1.721	41,6
1988	4.172	46,1	2.355	36,8
1989	4.459	6,9	2.556	8,5
1990	5.389	20,9	2.705	5,8
1991	5.517	2,4	2.654	-1,9
1992	7.076	28,3	3.639	37,1
1993	6.500	-8,1	3.959	8,8
1994	6.670	2,6	4.321	9,1
1995	7.726	15,8	4.957	14,7
1996	8.614	11,5	5.650	13,9
1997	9.689	13	7.008	23,9
1998	9.752	0,6	7.177	2,4
1999	7.464	-23,4	5.193	-27,6
2000	10.412	39	7.636	47
2001	11.569	11	8.090	5,9
2002	13.247	14,5	8.481	4,7
2003	14.030	5,3	9.677	14,1
2004	17.517	24,9	12.125	25,3
2005	21.122	20,6	13.929	14,8
2006	19.819	-6,2	12.553	-9,8
2007	23.341	17,77	13.990	11,4

Abb. 3: Tourismuszahlen und Tourismuseinnahmen
Quelle: www.tursab.org.tr./content/turkish/istatistikler/gostergeler/63TSTG.asp, 27.05.2008

Die Türkei bietet in vielerlei Hinsicht optimale Bedingungen sowohl für den Binnen- als auch für den internationalen Tourismus. Die geographische Lage mit vielen Anrainerstaaten, z.B. Georgien, Griechenland, Zypern und Bulgarien, sowie der Mittelmeer- und Ägäisküste bietet ein großes Potential für Touristen und hat damit ein weitreichendes Einzugsgebiet. Die Türkei verfügt über eine Küstengesamtlänge von 8300 km und dient damit dem Tourismus als Grundressource (HÜTTEROTH & HÖHFELD 2002: 285 f.). Allerdings beschränkt sich der Tourismus nicht nur auf die Küsten, da in der Türkei vielfältige Landschaftsformen mit den unterschiedlichsten Vegetations- und Klimazonen dicht beieinander liegend zu finden sind. Durch den großen Reichtum an historischen Kulturstätten, z.B. Troia und Ephesos, sowie attraktiven Städten, z.B. Istanbul, sind Bade- und Bildungsurlaub leicht kombinierbar. Die klimatischen Bedingungen wirken sich ebenfalls sehr positiv auf den Tourismus aus. Die Badesaison geht von April bis Oktober und auch die Winter sind relativ mild. Dies unterstreicht die Bedeutsamkeit der Küsten als Feriendestinationen (EKIN & SINGLER 1996: 188). SAUTER (2005: 90) betont, dass das Image des Urlaubslandes Türkei als Billigreiseland eine zentrale Rolle in der Vermarktung und den positiven Entwicklungen der Übernachtungszahlen spielt. So wird, z.b. damit geworben, dass „ein Badeurlaub in der Türkei [...] 40% weniger [kostet] als in Frankreich" (SAUTER 2005: 90). Dazu kommen saisonale Preisschwankungen, sodass ein und dieselben Unterkünfte im Winter deutlich günstiger angeboten werden. VORLAUFER erkennt in der touristischen Entwicklung der Türkei Parallelen zu der in der Karibik. So werden immer mehr große All-Inclusive-Anlagen gebaut, in denen fast alles vorhanden ist. Dies geht auf die Kosten der Einzelhändler, da im Zuge dieser Entwicklung immer mehr Einkaufszentren entstehen, die fast alle Einzelhandelsprodukte anbieten (VORLAUFER 1996: 100).

Neben der türkischen Ägäisküste ist die bekannteste und beliebteste Küstenregion ist die sogenannten „Türkische Riviera", auf die in den folgenden Kapiteln eingegangen wird.

4. Die Tourismusregion „Türkische Riviera"

Als „Türkische Riviera" wird der Küstenraum zwischen Kemer und Gazipasa im Süden der Türkei bezeichnet. Dieses Gebiet ist gekennzeichnet durch einen etwa 140 km langen Mittelmeersandstrand, der nur ab und zu durch Flussmündungen, Hafenbecken oder Molen unterbrochen wird. Mit dem Mittelmeer im Süden findet die Türkische Riviera im Norden ihre natürliche Begrenzung im Taurusgebirge. Dieses ist auch mit verantwortlich für das vorherrschende milde Klima, da es das Küstengebiet vor Kaltlufteinbrüchen aus dem Norden schützt. Das ganzjährig milde Klima (vgl. Kapitel 5, Abb. 6) sowie die klassischen Badestrände machen die Türkische Riviera zu einem der touristischen Zentren und attraktivsten Urlaubsziele des Landes. Das Klima ermöglicht einen fast ganzjährigen Badetourismus, wobei im Sommer die Strände fast komplett den Urlaubern überlassen sind (HÖHFELD 1995: 128 f.)

Abb. 4: Türkische Riviera
Quelle: http://www.ocean-travel-sport.de/images/region_antalya.jpg

Die beiden größten Städte der Region sind Antalya und Alanya. Allerdings sind neben diesen beiden Städte weitere Tourismuszentren in Kemer, Side und Belek. Besonders in den letzten fünfzehn Jahren hat der Tourismus hier eine sehr starke Entwicklung vollzogen. Dies wird besonders eindeutig an den Passagierzahlen des einzigen Flughafens der Türkischen Riviera in Antalya. So durchliefen in der Saison 1991/1992 knapp 2,3 Mio. Passagiere den Flughafen. 2003/2004 waren es dagegen schon 12,5 Mio. Menschen. Diese Zahlen kommen allerdings nicht nur durch internationale Touristen zustande, sondern auch durch Geschäftsreisende und den stark ausgeprägten türkischen Binnentourismus (TOURISTIK REPORT 28/04: 26 in ERGÜVEN 2009: 68). Die Abbildung 5 beschreibt die Verteilung der ankommenden internationalen Touristen in der Türkei und ihr Anteil in der Region Antalya. Insgesamt hat sich die Zahl der Touristen in der Türkei in einem Zeitraum von fünf Jahren fast verdoppelt. So waren es im Jahr 2002 noch knapp 13 Mio. Reisende, 2007 dagegen schon 23 Mio. Auf die Region Antalya kamen 2002 etwa 4,7 Mio. Touristen und 2007 7,3 Mio. Entgegen der deutlichen Zunahme des Touristenaufkommens ins der gesamten Türkei sowie in Antalya, kann Alanya nur einen geringen Zuwachs verzeichnen. Dies kann allerdings mit der zunehmenden Konkurrenz anderer aufstrebender Tourismuszentren der Türkischen Riviera, z.B. Kemer und Side, erklärt werden.

Share of Foreign Tourists coming to Alanya in Turkey and Antalya					
	Gelen Yabancı Turist Sayısı				Alanya's Share (%)	
Years	Turkey	Antalya	Alanya	Antalya's Share (%)	Turkey	Antalya
2002	12.921.981	4.747.328	1.029.350	36,73	7,96	21,68
2003	13.701.418	4.681.951	988.785	34,17	7,21	21.11
2004	17.202.996	6.047.168	1.133.616	35,15	6.58	18,74
2005	20.522.621	6.884.024	1.464.686	33,54	7,13	21,27
2006	19.275.948	6.011.183	1.357.554	31,18	7,04	22,58
2007	23.017.081	7.291.356	1.510.000	31,67	6,56	20,70

Abb. 5: Verteilung der in der Türkei ankommenden Touristen auf Antalya und Alanya
Quelle: Ministry of Culture and Tourism

Die Entwicklung des Tourismus und seine Folgen werden im folgenden Kapitel exemplarisch an der Stadt Alanya beschrieben, da diese ein sehr gutes Beispiel für den Massentourismus ist.

5. Feriendestination Alanya

Aufgrund der Landwirtschaft, Viehzucht und besonders des Tourismus ist die Region Alanya eines der wichtigsten Siedlungszentren an der türkischen Mittelmeerküste. Alanya ist die Hauptstadt der gleichnamigen Region im Zentrum der Türkischen Riviera. Mit knapp 95.000 Einwohnern ist sie eine mittelgroße Stadt und liegt auf einer kleinen Halbinsel, an einem Punkt, an dem das Taurusgebirge am nächsten an das Mittelmeer heranreicht. Die Halbinsel bildet einen natürlichen Hafen, der früher von der Fischerei, heute aber v.a. zu Tourismuszwecken genutzt wird. Lange war der Seeweg der einzige Zugang zu der Stadt. Erst 1960 wurde die Küstenstraße D-400 fertiggestellt, die seitdem Alanya mit Antalya und Mersin verbindet. Während die Altstadt mit ihren Festungsanlagen auf der felsigen Halbinsel liegt, breitet sich die Stadt immer weiter auf die Berghänge und die angrenzenden Flussebenen aus. Die aus dem Taurus kommenden Flüsse transportieren erodiertes Gesteinsmaterial und Schlamm, welches in der Ebene akkumuliert wird (KOCAKUAK 1993: 13 f., AER 2003: 13 f. in ERGÜVEN 2009). Hier hat sich im Laufe der Zeit die fruchtbare Ebene der Region Alanya gebildet, auf der Bananen und Zitrusfrüchte angebaut werden. Die Plantagen sind für viele Alanyaner die Haupteinkommensquelle und zählen außerdem zu den wichtigsten Exportgütern der Region (ALANYA 2002: 6 in ERGÜVEN 2009: 37). Allerdings werden die Plantagen zunehmend verdrängt, da Investoren das Land als Baugrund aufkaufen. Dies trägt zur Verstädterung Alanyas bei und ist durch Planlosigkeit und chaotische Neuansiedlungen geprägt (KOCAKUAK 1993: 10 f. in ERGÜVEN 2009).

Die Region Alanya verfügt über eine Küstenlänge von etwa 75 km. Davon bestehen knapp 70 km aus für den Tourismus geeigneten Badestränden (DEMIR 1999: 2 in ERGÜVEN 2009: 37). Neben den Stränden spielt auch das Klima eine zentrale Rolle für die Beliebt-

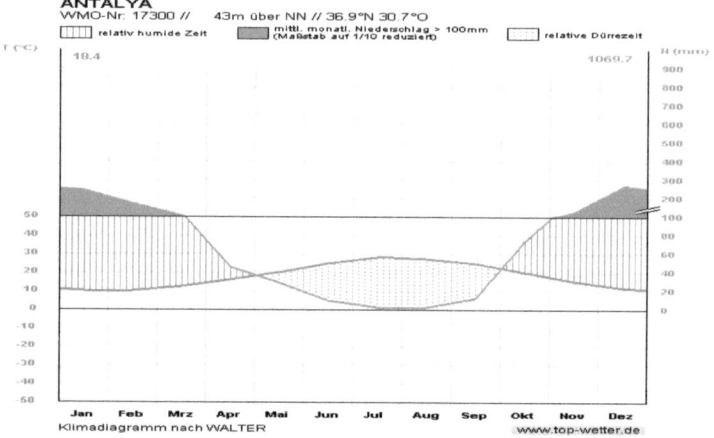

Abb. 6: Klimadiagramm Alanya
Quelle: http://www.top-wetter.de/klimadiagramme/diagramme/wmo17300_image001.gif

heit der Region bei Touristen. Das Klima in Alanya ist typisch mediterran, was bedeutet, dass die Sommer trocken und regenarm, die Winter dagegen leicht regnerisch und mild sind. Das Niederschlagsmaximum ist im November zu finden, die höchsten Temperaturen im Juli und August. Die Jahresdurchschnittstemperatur beträgt 19°C (vgl. Abb. 6). Das milde Klima ermöglicht eine ganzjährige Agrar- und Tourismuswirtschaft. Dem Tourismus kommt außerdem die lange Sonnenscheindauer und einer durchschnittlichen Wassertemperaturen von 21,6°C zugute (KOCAKUAK 1993: 24 in ERGÜVEN 2009).

5.1. Entwicklung des Tourismus in Alanya

Alanya wurde erstmals im 4. Jhd. v. Chr. erwähnt, bekam ihren heutigen Namen aber erst 1935 von Atatürk (DEMIREL 1997: 18 f. in ERGÜVEN 2009: 107). Gegründet wurde die Stadt vermutlich aufgrund ihrer militärisch-strategischen Lage, die zum einen im Taurusgebirge und zum anderen in der exponierten Lage mit dem natürlichen Hafenbecken begründet war (HOFMEISTER 1999: 30). Noch in den 1950er Jahren war Alanya mit knapp 7000 Einwohnern eher ein kleines Fischerdorf, als ein aufstrebendes Touristenzentrum.

Seit den 1970er Jahren geht die Stadtentwicklung Hand in Hand mit dem Tourismus einher. Bis dahin war Alanya von der Landwirtschaft geprägt. So wurde ein ehemals rentabler Holzhandel v.a. mit Ägypten zugunsten eines intensiven Bananen- und Zitrusfruchtanbaus aufgegeben. Dieser rentierte sich immer mehr, wobei die Einführung von Gewächshäusern den Durchbruch für den nationalen Markt mit sich brachte. Durch die Gewächshäuser konnten erstmals Überkapazitäten erwirtschaftet werden, die durch die neuen nationalen Verkehrsanbindungen in die ganze Türkei transportiert und verkauft werden konnten (HÜTTEROTH 1985: 158, KOCAKUAK 1993: 133 in ERGÜVEN 2009). Mit Beginn des Tourismus verlor die Landwirtschaft an Bedeutung, da immer mehr Einheimische und Zuwanderer ihr Glück und ihre Zukunft in Dienstleistungsbetrieben sahen (KOCAKUAK 1993: 133). Diese Umstrukturierung der Gesellschaft ist drastisch: allein zwischen den Jahren 1992 und 1997 ist ein Verlust an Agrarflächen in der Region Alanya von 20% zu verzeichnen (UYSAL 1999: 24 f. in ERGÜVEN 2009). Durch lukrative Angebote besonders ausländischer Investoren und Baufirmen für Baugrund wurde und wird dieser Trend weiter verstärkt.

Wie bereits erwähnt ist Alanya erst seit 1960 über einen Landweg mit anderen Städten verbunden und war somit nur schwer zugänglich. Obwohl der Bau der Küstenstraße als Grundstein für den internationalen Tourismus verstanden werden kann, war Alanya vorher nicht allen ein unbekanntes Reiseziel. Innerhalb der Türkei war Alanya schon länger bekannt, besonders für die heilende Wirkung der Höhen- und auch der Seeluft. So war der Tourismus anfangs besonders von Kuraufenthalten geprägt. Nachdem 1948 die Damlatahöhle entdeckt wurde, kamen immer mehr Wissenschaftler und Individualtouristen in die Region (DEMIR 1999: 1 in ERGÜVEN 2009: 190). Zu Beginn gab es nur einige weniger Beherbergungsbetriebe, die zum größten Teil aus Familienpensionen bestanden. Außerdem gab es einige Pensionen, die von sogenannten „Feierabend-Hotelliers" geführt wurden, d.h. als Neben- oder Zusatzerwerb geführte Betriebe (VORLAUFER 1996: 101). Mit dem Bau der Küstenstraße war der Flughafen in Antalya gut erreichbar und damit erfuhr der Tourismus in Alanya seinen ersten Aufschwung. Grundlage hierfür waren neben der Erreichbarkeit auch die archäologische Geschichte der Region, das milde Klima (vgl. Kapitel 5, Abb. 6), die schöne Landschaft und das relativ niedrige Preisniveau. Außerdem zeigten die Einheimischen eine gewisse Anpassungsfähigkeit an die Gepflogenheiten des Tourismus (YETKIN 2005: 16 in ERGÜVEN 2009: 148). In den 1970er Jahren genehmigte das Tourismusministerium Baumaßnahmen für weitere Hotels. Der Boom der Tourismusbranche in Alanya begann allerdings erst mit dem Tourismussubventionsgesetz von 1982 (s. Kapitel 3; 1997: 28 in ERGÜVEN 2009). Der plötzlich ansteigenden großen touristischen Nachfrage war das Beherbergungsangebot Alanyas nicht gewachsen. Im Jahr 1983 verfügte Alanya über 3141 durch das Tourismusministerium genehmigte Betten (SCHMITT 1999: 61). Durch das Tourismusgesetz von 1983 und einem damit hereingehendem Masterplan wurde die Region Alanya in verschiedenen Nutzflächen eingeteilt und somit Baugebiete ausgewiesen. Da es aber ansonsten kaum Reglementierungen für den Bau von touristischen Betrieben gab, vollzog sich ein recht chaotischer und schneller Bauboom, um den gestiegenen Übernachtungsgästezahlen gerecht zu werden. In den Jahren 1987 und 1989 wies der Staat weitere Flächen in und um Alanya als Tourismusgebiete aus, die sowohl an Einheimische aber besonders auch an ausländische Investoren verpachtet wurden (DEMIREL 1997: 28 in ERGÜVEN 2009). Die Investoren aus dem Ausland bauten nicht nur große komplexe Hotelanlagen sondern brachten auch viele Reiseveranstalter mit in die Region. Diese warben in ihren Heimatländern mit günstigen Pauschalangeboten – der Massentourismus in Alanya fand so Mitte der 1980er Jahre seine Geburtsstunde (SCHMITT 1999: 61). In dieser Phase konzentrierten sich die Einheimischen immer mehr auf den Tourismus, verkauften ihre Grundstücke und Plantagen und zogen sich immer mehr aus der Landwirtschaft zurück. Allein zwischen 1980 und 1990 ist die Beschäftigungszahl in der Agrarwirtschaft um 71% zurückgegangen. Im Dienstleistungssektor nahm sie dagegen im selben Zeitraum um 331% zu (UYSAL 1999: 31 in ERGÜVEN 2009).

Seit Ende der 1980er Jahre sind immer wieder neue Tourismusgebiete ausgewiesen worden. Aus mangelndem Platzangebot wichen die Investoren immer weiter von der Stadt Alanya weg und bauten komplexe All-Inclusive-Hotelanlagen entlang des schmalen Küstenstreifens. Hier konnten sie das für den Massentourismus unverzichtbare billige Preisniveau halten, trugen damit aber zur Abwertung Alanyas bei (DEMIREL 1997: 29 in ERGÜVEN 2009). Dennoch kamen eben aufgrund dieser günstigen All-Inclusive-Angebote immer mehr Menschen an die Türkische Riviera. Innerhalb von nur 10 Jahren stieg die Zahl der internationalen Besucher von 5,7 Mio. auf 13,5 Mio. Dementsprechend wurden die Beherbergungskapazitäten wiederum aufgestockt, allerdings v.a. mit dem Bau neuer Anlagen, die als Zielgruppe wieder die Billigtouristen haben. Gut die Hälfte aller heutigen Hotelanlagen in der Region Alanya haben sich auf den All-Inclusive-Tourismus speziali-siert. So stieg die Anzahl von 67 Betrieben im Jahr 2001 auf 158 im Jahr 2004. Das diese Art von Beherbergungsbetrieben von den Touristen geradezu gefordert wird, zeigt die Auslastung der Betriebe: während HP- und VP-Betriebe 2004 lediglich eine Auslastung von 30% haben, stehen dem bei den All-Inclusive-Anlagen eine Auslastung von 80% ge-genüber (AER 2005: 25).

5.2. Probleme und Folgen des Massentourismus in Alanya

Mit dem verschlafenen Fischerdorf der 1950er Jahre hat Alanya heute nichts mehr ge-mein. Die natürlichen positiven Standortfaktoren, also das milde Klima, hohe Sonnen-scheindauer, Meeresnähe, in Kombination mit unkontrollierten Baumaßnahmen und einem sehr niedrigen Preisniveau haben Alanya in eine von Massentourismus geprägte Region verwandelt – mit all ihren negativen Folgen für Mensch und Umwelt. Im Folgen-den werden nur ausgewählte Probleme besprochen.

5.2.1. Bevölkerungsstruktur und Arbeitslosigkeit

Die Alanyaner haben sich im Laufe der Zeit immer mehr auf den Tourismus und im Zuge der Entwicklung auch auf den Massentourismus konzentriert. Trotz der Anhebung des Wirtschaftsniveaus der Region birgt diese einseitige Ausrichtung auch einige Gefahren für die Einheimischen. Die regionale Wirtschaft, die ursprünglich besonders durch land-wirtschaftliche Betriebe gekennzeichnet war, wurde von den Einheimischen ganz oder zum Teil zugunsten des Tourismus aufgegeben. Dies geschah entweder, weil Investoren viel Geld für das Land boten oder die Einheimischen selbst ihr Glück im Tourismus versuchen wollten. Dementsprechend verdient heute ein Großteil der Bevölkerung ihren Lebensunterhalt unmittelbar mit dem Tourismus, bzw. ist auf irgendeine Art und Weise eng mit diesem verknüpft und abhängig (UYSAL 1999: 31 in ERGÜVEN 2009).

Auf den ersten Blick scheint es, als müssten die Einheimischen bei der positiven Wirtschaftsleistung gut dastehen. Allerdings sind dabei zwei Dinge zu beachten. Die Einseitigkeit der Wirtschaft in Alanya ist zum einen saisonal bedingt und zum anderen würde ein Einbruch, bzw. Rückgang der Touristenzahlen viele Einheimische an die Existenzgrenze bringen. Fast alle Betriebe und Unternehmen in Alanya sind nur in der Saison geöffnet. Dies bedeutet also, dass viele Arbeitsplätze nur von April bis Oktober besetzt werden. In den meisten mit dem Tourismus verknüpften Geschäftszweigen werden nur 10% der Beschäftigten das ganze Jahr angestellt, 90% nur für die Saison. Für Alanya bedeutet dies, das im Winter von November bis Ende März etwa 50.000 Menschen ohne Beschäftigung sind (UYSAL 1999: 8 in ERGÜVEN 2009).

Die meisten Beherbergungsbetriebe in Alanya sind All-Inclusive-Hotels (vgl. Kapitel 5.1.). Diese sind zwar größtenteils für die Touristenzahlen verantwortlich, schaden den Einheimischen aber auf zweierlei Weisen. Diese Hotelanlagen sind meistens so aufgebaut, dass in ihnen alles vorhanden ist, was von Touristen nachgefragt wird, z.B. Cafés, Shops, direkter Strandzugang etc. Damit brauchen die Besucher die Anlagen eigentlich kaum zu verlassen, was wiederum dem lokalen Einzelhandelt schadet. Wie bereits erwähnt, haben die niedrigen Lohn- und Lebenshaltungskosten sowie die geringen Grundstückspreise und kaum vorhandenen staatliche Bauauflagen viele ausländische Investoren angelockt (vgl. Kapitel 5.1.). Diese arbeiten v.a. mit ausländischen Reiseveranstaltern zusammen, die wiederum auch einen Großteil des Personals stellen. Dadurch fließen die Einnahmen der meisten All-Inclusive-Anlagen wieder direkt ins Ausland, ohne auch nur einen kleinen Teil der einheimischen Bevölkerung, bzw. der Region zukommen zu lassen (BACKES 2002: o.S. in ERGÜVEN 2009: 155). Damit sind die Einheimischen von den ausländischen Investoren abhängig.

5.2.2. Auswirkungen auf das Küstengebiet

Aufgrund des raschen Wachstums des Tourismus in Alanya wurden immer mehr Flächen in und um die Stadt als Tourismusregion ausgewiesen. Der Küstenstreifen der Region ist durch die direkte Nähre zum Taurusgebirge ohnehin nur sehr schmal und wird von der Küstenstraße noch mehr begrenzt. Dennoch ist genau dieser Küstenstreifen bei Investoren und Touristen besonders beliebt (vgl. Kapitel 2.3.).

Die Küstenlänge Alanyas beträgt etwa 70 km und hat durch das Aufkommen des Tourismus eine enorme Aufwertung bzw. Neubewertung erfahren. Bis in die 1980er Jahre waren die Strände Alanyas relativ verlassen und wurden nur selten von Einheimischen genutzt. Erst mit Einsetzen des Tourismus füllten sich die Strände. Diese Entwicklung wurde noch verstärkt, als immer mehr Hotelanlagen direkt am Strand erbaut wurden. Die wenigen freien Flächen zwischen Strand und Hotels wurden meistens mit fruchtbarem Boden aufgefüllt, um den Gästen blühende Gärten und Poolanlagen zu garantieren. Dies unterstreicht die fortschreitende Entwicklung, dass die Küste immer schmaler und schmaler wird und eine neue Bedeutung erfährt (VORLAUFER 1999: 271).

Allerdings bedeutet dies auch, dass die Größe der versiegelten Fläche in Alanya zugunsten der touristischen Entwicklung weiter zunimmt. Das Zusammenwirken von Flächenversiegelung von Hotelbauten, der hohen Gästeanzahl, der plötzlichen intensiven Strandnutzung und den damit verbundenen infrastrukturellen (Bau-)Maßnahmen führt zu einer hohen Umweltbelastung für den Küstenstreifen (VORLAUFER 1999: 271). Eine so drastische Flächenversiegelung zieht nicht nur die Gefährdung von Ökosystemen mit sich, sondern häufig auch ihre Zerstörung. Neben der Vernichtung von Lebensräumen von Tieren und Pflanzen gehört auch die erhöhte Erosionsanfälligkeit zu den Folgen der Zubetonierung. Die dicht an dicht entstandenen Hotel- und Wohnblöcke verhindern außerdem eine natürliche Belüftung der Stadt. Das ursprüngliche und für die Region typische Pflanzengefüge des Küstenstreifens ist den fortschreitenden Baumaßnahmen auch schon zum Opfer gefallen (SCHMITT 1999: 88 f.).

Besonders der Küstenstreifen hat durch den Tourismus auch mit erhöhten Umweltproblemen zu kämpfen. In der Türkei wird nur etwa ein Fünftel des Mülls ordnungsgemäß beseitigt und besonders in ländlichen und rasch wachsenden Regionen gibt es weder

Mülltrennung noch genügend Mülldeponien. Für die Stadt Alanya gibt es nur eine einzige Mülldeponie, bei der der Müll lediglich angeliefert und abgekippt wird. Für den benachbarten Wald sowie für das Grundwasser gibt es keine besonderen Schutzmaßnahmen, was die Gefahr der Kontaminierung steigert (HÖHFELD 1995: 194). Dies hat große negative Auswirklungen auf den Küstenbereich, da das mit Schadstoffen versetzte Wasser in Flüsse und damit auch ins Meer gelangt. Dazu kommt, dass Alanya, genau wie viele andere Städte der Türkei, ihr Abwässer zum größten Teil ungeklärt in die Flüsse oder direkt in das Meer ableiten. Dies führt zu einer Kontaminierung des Meerwassers sowie zu der Zerstörung von Unterwasserwelten, z.B. der bei Touristen beliebten Korallenbänke. (HÖHFELD 1995: 195).

5.3. Bedeutung Alanyas für den türkischen Tourismus

Alanya hat von Anfang an auf den Massentourismus gesetzt. Die Folgen sowohl für die Stadt und ihre Bewohner, als auch für die Umwelt sind unübersehbar und nicht durchweg positiv (vgl. Kapitel 5.2.). Doch obwohl diese Form des Tourismus viele negative Folgen mit sich zieht, spielt Alanya im türkischen Tourismus eine große und bedeutsame Rolle.

Die rasante touristische Entwicklung der Region und ihre Bedeutung für den türkischen Markt ist nahezu ungebrochen. Von 1999 bis 2005 verbrachten etwa 6,5% aller Türkei-Touristen ihren Urlaub in Alanya. In diesem Zeitraum wurden in der Region knapp 8% der Tourismuseinnahmen der Türkei erwirtschaftet. In diesen sechs Jahren entsprach

Jahr	Exporteinnahmen der Türkei	Tourismuseinnahmen in Alanya	Anteil (in %)
1999	26.587	310.9	1,2
2000	27.775	557.5	2,0
2001	31.334	807.2	2,6
2002	36.059	961.4	2,7
2003	46.878	932.4	2,0
2004	63.167	1.098	1,7
2005	73.275	1.380	1,8
2006	85.309	1.212,3	1,4

Abb. 7: Anteil der Tourismuseinnahmen Antalyas an den Exporteinnahmen der Türkei (in Mio. US$)
Quelle: AER 2003: S. 107

das 1,7-2,5% aller türkischen Exporteinnahmen (vgl. Abb. 7; AER 2005: 119). Bei Betrachtung des Jahres 2005 wird deutlich, wie wichtig Alanyas Tourismus für die türkische Wirtschaft ist. Insgesamt besuchten in diesem Jahr 21,1 Mio. Menschen die Türkei. Damit wurden fast 14 Mrd. US$ an Tourismuseinnahmen erwirtschaftet. Allein nach Alanya kamen davon 1,5 Mio. Touristen und die Region erwirtschaftete etwa 1,4 Mrd. US$ (AER 2005: 118).

6. Fazit

Seit den 1980er Jahren beherrscht der Tourismus Allanyas Leben, wobei sich schnell eine Konzentration des Sektors auf den Massentourismus herauskristallisierte. Von Anfang an vermarktete Alanya Sonne, Strand und Feiern als Massenprodukt. Die rasante Entwicklung der Branche brachte eine enorme Bevölkerungszunahme mit sich, aber auch größtenteils nur saisonale Beschäftigungsmöglichkeiten. Ausländische Investoren verdienen mit ihren All-Inclusive-Anlagen viel Geld, transferieren die Gewinne aber zum größten Teil ins Ausland. Dabei bleiben die Einheimischen häufig auf der Strecke, obwohl sie zugunsten des Tourismus ihre ehemaligen wirtschaftlichen Standbeine Landwirtschaft und Fischerei größtenteils aufgegeben haben. Außerdem vollzog sich eine unkontrollierte Welle von Baumaßnahmen in und um Alanya, die zu einer Missverstädterung und großräumiger Flächenversiegelung führte (KOCAKUAK 1993: 67 in ERGÜVEN 2009). Die Zahl der Betten wurde so zwar den steigenden Besucherzahlen gerecht, aber diese Entwicklung wurde nicht von den erforderlichen infrastrukturellen Maßnahmen begleitet. Ein Überangebot von Restaurants, Bars, Hotels und Einzelhandelsgeschäften sowie abnehmende touristische Attraktivität der Stadt und Landschaft waren die Folge.

Die für den Tourismus so wichtigen Ressourcen Sonne, Strand und Meer sind besonders am Mittelmeer austauschbar. Da Alanya durch die vergangenen unkontrollierten Baumaßnahmen und den beschriebenen Folgen in den letzten Jahren an Attraktivität eingebüßt hat und durch andere, sich im Aufschwung befindende Destinationen wie Kemer, stärkere Konkurrenz bekommt, sollte in der Stadt ein Umdenken geschehen, wenn auch in Zukunft die Haupteinnahmequelle der Tourismus bleiben sollte. Ein Anfang dafür wären strengere Bau- und Umweltrichtlinien für die Region, damit eine weitere Missverstädterung unterbunden und die Landschaft wieder etwas attraktiver wird. Eine weitere Maßnahme wäre die Rückbesinnung auf die Anfänge des Tourismus in der Region, also den Gesundheitstourismus. Dafür ist eine gesunde Natur und Wasserwelt sowie gute Luft Voraussetzung. Um den schmalen Küstenstreifen zu entlasten sollte auch das Taurusgebirge mehr in die Vermarktung der Naherholung eingebunden werden. Damit Alanya eine Zukunft in der Tourismusbranche hat, sollte es sich vom Image einer Massendestination lösen und einen Tourismus mit einem etwas höheren Niveau etablieren.

7. Literaturverzeichnis

ALANYA EKONOMIK RAPOR (AER) 2003 & 2005.

ASCHENBACH, PILAR (2005): Hurra, die Familien sind wieder da. Die Zielgruppe fliegt wieder mit den Veranstaltern – am liebsten in die Türkei. – In: touristikaktuell 13: 19.

BUNDESAMT FÜR NATURSCHUTZ (Hrsg.) (1997): Biodiversität und Tourismus. Konflikte und Lösungsansätze an den Küsten der Weltmeere. Berlin: Springer-Verlag.

BUSSMANN, M. & G. TRÖGER (2003): Türkei – Mittelmeerküste. Erlangen: Michael Müller Verlag.

EKIN, A. & E. SINGLER (1996): Nachbar Türkei – Wo sich Europa und Asien verbinden. Frankfurt: Frankf. Allg. Zeitung Verlag.

ERGÜVEN, MEHMET HAN (2009): Tourismus und nachhaltige Entwicklung in der Türkei. Grundlagen, Erscheinungsformen, Probleme, Perspektiven. Das Beispiel Alanya. Düsseldorf: Dissertation.

FREYER, WALTER (2006): Tourismus – Einführung in die Fremdenverkehrsökonomie. München: Oldenbourg Wissenschaftsverlag GmbH.

GIAOUTZI & NIJKAMP (2007): Emerging Trends in Tourism Development in an Open World. – In: Tourism and Regional Development. Cornwall: 1-12.

HÖHFELD, VOLKER (1995): Türkei: Schwellenland der Gegensätze. – Gotha: Perthes Länderprofile.

HOFMEISTER, BURKHARD (1999): Stadtgeographie. – Braunschweig: Westermann.

HOPFINGER, HANS (2007): Geographie der Freizeit und des Tourismus. - In: GEBHARDT, H. ET AL. (Hrsg.): Geographie – Physische Geographie und Humangeographie: 713–733. München/Heidelberg: Spektrum-Verlag.

HÜTTEROTH, WOLF-DIETER (1985): Die türkischen Mittelmeerküsten. – In: POPP, H. & F. TICHY (Hrsg.): Möglichkeiten, Grenzen und Schäden der Entwicklung in den Küstenräumen des Mittelmeergebietes. Ein Überblick anhand von Beispielen aus zehn Anrainerstaaten. – Erlanger Geographische Arbeiten, Sonderbände, Band 17: 149-161.

HÜTTEROTH, W.-D. & V. HÖHFELD (2002): Türkei. Darmstadt: Wissenschaftliche Buchgesellschaft.

JOB, H. & L. VOGT (2007): Freizeit/Tourismus und Umwelt – Umweltbelastungen und Konfliktlösungsansätze. – In: BECKER, C. ET. AL. (Hrsg.): Geographie der Freizeit und des Tourismus. Bilanz und Ausblick. München: Oldenbourg Verlag.

Kündig-Steiner, Werner (Hrsg.) (1977): Raum und Mensch, Kultur und Wirtschaft in Gegenwart und Vergangenheit. – Tübingen/Basel: Institut für Auslandsbeziehungen, Stuttgart: 420-438.

Quandt, Birgit (2003): FVW-Symposium zur Zukunft des Türkei-Tourismus in Belek. Wird die Türkei ein einziger Al-Ferienclub? – In: FVW 15: 52.

Rother, K. (1993): Der Mittelmeerraum. Ein geographischer Überblick. – Stuttgart: Teubner.

Sauter, Robert (2005): Wo der Urlaub günstig ist. Erstmals hat der ADAC ermittelt, wie teuer ein Badeurlaub kommt. Deutschland ist billiger als Spanien und Italien. – In: ADAC-Motorwelt, Heft 3: 88-91.

Schmitt, Thomas (1999): Ökologische Landschaftsanalyse und –bewertung in ausgewählten Raumeinheiten Mallorcas als Grundlage einer umweltverträglichen Tourismusentwicklung. – Stuttgart: Franz Steiner Verlag.

Schultz, Jürgen (2008): Die Ökozonen der Erde. – 4. Auflage. Stuttgart: Ulmer-Verlag.

Sprengel, Udo (1998): Entstehungsdynamik und Entwicklungsperspektiven einer ´touristischen Goldgräbersiedlung´ – Das Beispiel Avsallar-Incekum (Kreis Alanya). – In: Breuer, Toni (Hrsg.): Fremdenverkehrsgebiete des Mittelmeerraumes im Umbruch. – Regensburger Geographische Schriften, Heft 27:199-221.

Sprengel, Udo (2001): Küstenverdichtung in der mediterranen Türkei. – In: Freund, B. & H. Jahnke (Hrsg.): Der Mediterrane Raum an der Schwelle des 21.Jahrhunderts. – Berliner Geographische Arbeiten: 43-53.

Stewig, Reinhardt (2000): Entstehung der Industriegesellschaft in der Türkei. – In: Kieler Geographische Schriften, Band 102.

Viles, H. & T. Spencer (1995): Coastal Problems. Geomorphology, Ecology and Society at the Coast. London: Hodder Arnold.

Vorlaufer, Karl (1996): Tourismus in Entwicklungsländern: Möglichkeiten und Grenzen einer nachhaltigen Entwicklung durch Fremdenverkehr. – Darmstadt: Wissenschaftliche Buchgesellschaft.

Vorlaufer, Karl (1999): Massentourismus und Umweltgefährdungen auf Bali. – In: Die Erde, Heft 3/4: 261-278.

WTTC 2009: World Travel & Tourism Council. – <http://www.wttc.org/eng/Home/> (Stand: 2009) (letzter Zugriff: 22.01.2010)

8. Abbildungsverzeichnis

Abb. 2: Internationale Touristenankünfte 1950-2005
Quelle: <http://www.unwto.org/facts/eng/pdf/historical/ITR_1950_2005.pdf>
(letzter Zugriff: 17.12.2010)

Abb. 2: Urlaubsdestination Benidorm in Spanien
Quelle: <http://www.jetztspanienimmobilien.de/wp-content/uploads/Benidorm-
Costa-Blanca-3.jpg> (letzter Zugriff: 22.01.2011)

Abb. 3: Tourismuszahlen und Tourismuseinnahmen
Quelle:
<www.tursab.org.tr./content/turkish/istatistikler/gostergeler/63TSTG.asp> (letz-
ter Zugriff: 12.01.2010)

Abb. 4: Türkische Riviera
Quelle: <http://www.ocean-travel-sport.de/images/region_antalya.jpg> (letzter
Zugriff: 12.01.2010)

Abb. 5: Verteilung der in der Türkei ankommenden Touristen auf Antalya und Alanya
Quelle: Ministry of Culture and Tourism.

Abb. 6: Klimadiagramm Alanya
Quelle: http://www.top-
wetter.de/klimadiagramme/diagramme/wmo17300_image001.gif (letzter Zugriff: 17.12.2010)

Abb. 7: Anteil der Tourismuseinnahmen Antalyas an den Exporteinnahmen der Türkei (in
Mio. US$)
Quelle: AER 2003: S. 107